【日】日比野佐和子 监制　【日】田内章子 著　谷雨 译

别再只喝水！
蔬果排毒水正流行

光明日报出版社

Introduction 序言

让排毒水使自己"更美丽"

✳

每天进行认真的皮肤护理、减肥运动、睡前瑜伽和体操、食用有益身体的健康食品和减肥食品等,为了美丽,每一个女人都在坚持不懈地奋斗着。

然而你是否觉得虽然每天那么努力,可效果总是不尽如人意?其实,并不是因为你做得不够多,而是因为你的体内堆积了太多有害的东西。正是那些不知不觉间囤积于体内的有害物质,阻碍了你的美丽之路。

人体内一旦堆积了汞、铝、砷、镉、铅等有害物质,就会极大地影响身体健康。

本书介绍的排毒水使用常见的水果、蔬菜、矿泉水、碳酸水等就能制作,含有丰富的维生素、矿物质,还有新鲜蔬果的芳香,利用它们就能有效地将人体内的有害物质排出,并达到抗衰老的作用。只要每天坚持饮用,就能通便排毒,由内而外地滋养身体。让我们一同见证肌肤每日的蜕变吧!

R科学诊所广尾院长·医生·医学博士
日比野佐和子

比水更好喝的排毒水带来健康

✱

当我第一次发现仅仅将水果和蔬菜泡在水里,就能品尝到像果汁一样的饮品时,我被它芬芳甜美的味道打动了!不仅外表比普通的水更美丽,也比市面上的果汁饮品更健康、更美味。从那以后,我就开始尝试制作各种各样的排毒水。一旦制作成功后,它的优点就更加源源不断地被我发掘!

首先就是程序简单。只要将水果和蔬菜泡在水里即可,不论是繁忙的早晨,还是困顿的夜晚,都能轻松制作完成。其次是美丽的外观。大家喜爱的草莓与蓝莓,它们小巧可爱的美自不必说,就连红彩椒片和黄瓜片浮在水面上的样子,不论谁看见都会觉得既清凉又治愈。

把它用做招待客人的饮品必定十分受欢迎;早晨装到水壶里带去上班也是不错的选择。待客用的水果剩余的部分,用来做排毒水也丝毫不会影响它的美味。吃起来略硬的菠萝芯、料理剩余的些微薄荷,把它们都泡在水里,摇身一变就是杯美味的排毒水。

每天饮用它,保持好心情吧!

料理家
田内章子

为什么毒素会堆积？
体内有毒素了该怎么办？

1

经常吃外卖、加工食品的人要特别注意！

一说到矿物质，大家首先想到的就是对人体有益的种类，但其实某些矿物质（有害金属）是有毒的。大家熟悉的就是金枪鱼等大型鱼类中所含的汞；在栽培蔬菜、水果时喷洒的农药中所含的砷；汽车废气中的镉；通过铝制品（锅、水壶、铝箔）和食品添加剂进入人体的铝等，这些毒素堆积在体内日益增多。

2

生活节奏快的现代社会更容易造成毒素堆积！

环境污染的排废气、残留农药、运动不足、营养失衡、压力过大、添加过多食品添加剂的加工食品等，生活在现代社会的人们不得不每天被毒素包围着。而且，我们人体新陈代谢所产生的乳酸和尿素其实也是毒素的一种。

更糟糕的是，排毒所必需的食物纤维和提高新陈代谢所需的维生素和矿物质，很多人根本无法摄入足够的量。

这样的生活环境和饮食习惯导致了现代人体内的毒素更容易堆积。

3

减肥失败导致皮肤粗糙、便秘等影响美丽的毒素！

肥胖、水肿、肌肤粗糙、便秘、身体倦怠等问题，努力想摆脱这些烦恼却总也没有成效的人们，或许只是因为他们体内的毒素过多。一旦毒素滞留在体内，就会导致身体新陈代谢下降、细胞和内脏功能降低，其他的麻烦也随之而来，甚至还会阻碍你的减肥大计！因为毒素非常容易与脂肪结合，从而导致脂肪燃烧变得非常困难。

4

毒素滞留会导致身体倦怠、易疲劳、没干劲！

如果人体吸收的毒素长期无法排出体外，就很容易引起疾病和身体不适，例如会导致身体易疲劳、无精打采、容易倦怠等。如果毒素继续堆积下去，还很容易引起过敏性皮炎和花粉症等过敏性疾病。

人们之所以会出现身体不适或疾病，都是由于毒素活化了体内的活性氧导致的。

排毒水让你变美丽

就算毒素堆积！但只要能排毒就没问题！

就算再怎样注意饮食，我们都无法不食用农药肥料栽培的蔬菜和大米、无法完全辨别市场中添加防腐剂、染色剂等人工添加剂的食品。再者，每次呼吸的同时，我们都会吸进二氧芑（二恶英）和废气。而且，我们无法阻止身体代谢产生乳酸。

但是没关系，我们可以利用排便、排尿、排汗等方式进行排毒。只要这些功能正常，我们也能将毒素轻松排出。

增强排毒的力量！

"毒素会一直堆积吗？"

这个问题不用担心，毕竟人体自有排毒的能力。

最好的排毒方法就是排便。粪便当中含有75%的人体毒素，而尿液可排出20%，剩余的5%则通过汗液和皮脂排出。正所谓"便秘是万恶之源"，便秘会导致毒素长期残留在体内。

可是，改善顽固性便秘并不是件简单的事。我推荐大家将喜欢的水果和蔬菜放入矿泉水或碳酸水中浸泡，代替普通的水饮用，这样多少能达到排毒的效果。

排毒水能溶解水果、蔬菜中含有的维生素、矿物质、水溶性食物纤维，促进人体排便、排尿以排出体内堆积的毒素，从而达到调整体内环境的效果。而且，排毒水色彩艳丽，想必还能疗愈你疲惫的身心！养成喝排毒水的习惯还能提高身体新陈代谢的速度，促进排汗、消瘦身形、促进维生素和矿物质的吸收，提高身体抗氧化的能力。

排毒水能培养人体自然排毒的能力，让你切实感受到"变美"的过程。

2　序言
4　为什么毒素会堆积？体内有毒素了该怎么办？
5　排毒水让你变美丽

目录

8　本书主要使用的玻璃罐和玻璃瓶
10　玻璃罐和 MY BOTTLE（随行杯）的使用方法
12　排毒水的基础做法
14　从现在开始吧！最初的排毒水

PART1
DETOX WATER For
Diet
减肥排毒水

[燃烧脂肪的水]
橙子柠檬水……18
荔枝茶 / 葡萄柚生姜酒……20
芳香甜瓜水……22
牛油果胡萝卜水……23

[消除便秘的水]
蜂蜜苹果苏打……24
甜酒苹果肉桂水……25
梅子加州梅椰汁 / 无花果气泡水……26

[提高代谢的水]
菠萝百里香椰汁……28
草莓玫瑰果水……30
绿色香草茶……32

PART2
DETOX WATER For
Beauty
美容排毒水

[改善皮肤粗糙的水]
芒果橙子美容水 / 番茄罗勒气泡水……36
玫瑰香茅美容水……38

[美白水]
樱桃玫瑰果美容水……40
猕猴桃柠檬维生素水……42
鲜莓美白苏打……43

[美发水]
草莓迷迭香气泡水……44
甜瓜红彩椒健康水……46
薄荷小番茄蓝莓水……47

PART 3
DETOX WATER For
Health
健康排毒水

[消肿水]
黄瓜小豆蔻水……50
西瓜蓝莓水……52
橙子酸橙椰汁……54
甜瓜芹菜水……55

[缓解头疼&宿醉的水]
萝卜生姜水……56
芹菜香茅清爽水/生姜紫苏排毒茶……58
洋甘菊薄荷气泡茶……59

[缓解视疲劳的水]
罗勒绿紫苏苏打……62
猕猴桃酸橙水……63

[提高免疫力的水]
橙子肉桂水……64
芒果薄荷水……65
梅汁水果排毒水……66

[促进消化的水]
菠萝生姜水……68
水果气泡水……70
葡萄柚路易波士茶……71

PART 4
Almond
Milk
杏仁牛奶

杏仁牛奶基础做法……74

[提高工作效率]
杏仁牛奶……75
浆果杏仁牛奶……76
杏仁奶茶……78

[预防贫血]
可可杏仁牛奶/路易波士杏仁牛奶……80

PART 5
Jar
Cocktail
玻璃杯鸡尾酒

[缓解压力]
桃子白葡萄酒……84
红色气泡水……85
混合甜莓水……86

[缓解疲劳]
橙子浆果玻璃杯鸡尾酒……88
菠萝鸡尾酒水……89

90　排毒水 Q&A
92　根据烦恼挑选蔬菜和水果
94　材料索引

本书主要使用的玻璃罐和玻璃瓶

本章节将介绍制作美丽的排毒水所需准备的玻璃罐和瓶子。

【Ball 公司 梅森罐】

梅森罐是指美国 Ball 公司出售的具有密封性的保存用罐。种类繁多，本书中将以饮用瓶为主进行介绍。

饮品杯

BALL DRINKING MUG 球形饮品杯
（约 480mL）

带有把手的梅森罐。口渴时推荐使用这一款畅饮。

Carson Rednek Sippers clear 卡森红网吸管杯
（约 480mL）

内盖带有吸管孔，可使用吸管喝水的梅森罐。盖子可以单买。

Cuppow 盖子

可以将基础款梅森罐的内盖替换成这种 cuppow 盖子，变成旅行用水杯。当然也可以使用吸管。

基础款

梅森罐 Regular Mouth 16oz
（约 480mL）

梅森罐的基础款。盖子直径约 7cm。蓝色、绿色、紫色为 100 周年纪念限定色。

梅森罐的盖子有两层，分为内盖与外框。提高了密封性，更适合存放食物。内盖可以替换成带有吸管孔的款，变成饮料瓶。

梅森罐 Regular Mouth 16oz
（约 500mL）

盖子直径约 8.5cm。大瓶口清洗起来更方便。制作沙拉也可以。

梅森罐 Regular Mouth 8oz
（约 245mL）

瓶身较小，用来装待客用的排毒水正合适。

鸡尾酒杯

Carson Rednek Wine Glass
卡森红网酒杯
（约480mL）

高脚的常规口梅森罐杯。聚会的不二选择。

Carson Rednek Champagne Flutes
卡森红网笛形香槟杯
（约360mL）

杯身带有钻石一般的刻纹，看起来异常华美的香槟杯。

【其他款玻璃罐】

这款是英国老牌玻璃制造商KILNER公司生产的"preserves jar"（500mL）。侧面有刻度，盖子同样是两层设计。

这款是德国玻璃制造商WECK公司生产的"glass canister Straight Shape"（340mL）。用草莓图案作为产品标识，非常可爱。

这款同样是WECK公司的产品，叫"glass canister Mold Shape"（500mL）。WECK的玻璃罐可使用另外购买的不锈钢与橡胶密封圈提高密封性。

【瓶子】

TODAY'S SPECIAL 的"MY BOTTLE"
今日特定的随行杯
（500mL）

手写体的"MY BOTTLE"非常可爱且十分流行。可将饮品随身携带。

除"MY BOTTLE随行杯"以外，还有很多品牌是可以看见内部的透明瓶子！还有能过滤茶叶的茶瓶。

注意！

使用玻璃罐和玻璃瓶哪个比较好？

使用什么都可以！就算用日常的大茶壶或水壶都可以。配合自己的生活方式，每天都喝排毒水排出毒素才是最重要的。

玻璃罐和my bottle（随行杯）的使用方法

使用**玻璃罐**非常方便！

玻璃罐这么受欢迎，并不仅仅因为它的外观可爱。
下面我就为大家介绍一下这些玻璃罐的魅力所在。

1 可爱

透过透明的玻璃罐看见里面多彩艳丽的水果、蔬菜、香草，你会立刻被它的美丽所吸引。搭配彩色的吸管更加可爱！

2 可密封

内盖和外框的两层设计大大提高了罐子的密封性，只要拧紧盖子就可以放心使用。制作大量的杏仁牛奶时，最适合用它来保存。

3 可带走

只要将盖子盖紧，就能将玻璃罐中的排毒水放进包里随身携带。带去户外或参加带餐聚会都能让你瞬间成为瞩目的焦点！

4 可不用计算水量制作

选择侧面带有刻度的玻璃罐，制作排毒水就变得更简单！无需一一称量就能轻松制作。

5 可煮沸杀菌

将罐子用开水煮沸10分钟，盖子煮沸1分钟，再将二者自然晾干即可使用。就算使用非常容易腐坏的水果制作排毒水，也能轻松杀菌。

6 可重复使用

使用清洁剂或者煮沸即可清洁杀菌，让玻璃罐可以重复使用。与一次性容器不同，玻璃罐即经济又环保！

使用 my bottle（随行杯）更加便利！

能轻松携带的 my bottle（随行杯）拥有不输于玻璃罐的优点。
下面将为大家介绍它的魅力所在。

1 可爱

瓶身可爱的手写文字非常受欢迎。透明的瓶身能完美映照里面彩色的水果、蔬菜或香草，美丽得让人忍不住想向他人炫耀！

2 可带走

瓶身非常轻便，所以很适合带到户外使用。但由于它的密封性并不是特别好，所以要尽量竖直放置。

3 可煮沸杀菌

轻便又结实的 my bottle（随行杯）的材质与奶瓶相同，可耐 –40~100℃ 的温度。瓶身煮沸 5 分钟，盖子煮沸 1 分钟，将二者自然晾干即可使用。

4 清洗方便

与其他构造复杂的水壶或瓶子不同，my bottle（随行杯）仅由三部分组成，清洁起来非常方便！最好使用完就清洁干净。

本书的规则

- ★ 本书中记载的 1 大勺 =15mL、1 小勺 =5mL、1 杯 =200mL。
- ★ 只要材料无特别标注，均使用 16oz（约 480mL）的玻璃罐。使用 500mL 的 my bottle（随行杯）制作饮品时请多加 20mL 的水。
- ★ 使用进口的橙子、酸橙、柠檬等柑橘类水果时，它们的外皮上会有防腐剂、农药等有害物质，请剥皮后再使用。
- ★ 加水后一定要放入冰箱冷藏。
- ★ 本书中所使用的水为软性的矿泉水。使用硬水会改变饮品味道。
- ★ 冷冻的水果请保持其冷冻状态时使用。
- ★ 排毒水放入冰箱后要在 24 小时内饮用完。
- ★ 本书中解说的美容、健康功效均是以营养学为依据得出的结论，但具体效果因人而异。
- ★ 患有肾脏疾病者，要限制钾的摄入量，请少喝排毒水。想喝时请先咨询主治医生。
- ★ 服用钙拮抗药、抗血小板药，同时食用葡萄柚会导致药效翻倍，因此请不要二者同时服用。

排毒水的基础做法

排毒水的做法简单又自由!
只要将切好的水果和蔬菜放入水中即可。

STEP 1

将水果和蔬菜切成薄片

橙子、柠檬等柑橘类水果先剥皮,再切成 2~3mm 的薄片。薄荷等香草摘取叶子。

STEP 2

充分搅拌

将 1 的材料与蜂蜜等甜味料放入玻璃罐等容器中,加水后用搅拌棒或吸管充分搅拌。

STEP
3

放入冰箱冷藏
1小时

放入冰箱冷藏。冷藏时间越久，排毒水的香味和甜味越浓，水中的营养元素越多。各菜谱不同，需要冷藏的时间也不同，制作时请仔细辨别。为了保证卫生，请在放入冰箱后的24小时内饮用完。

什么时候喝？

如图所示，6小时后水就会变成橙色。放置得越久，食材的香味、甜味、营养成分渗出得越多。各菜谱分别记载了其最佳饮用时间，但大家可根据自己的喜好调整。放入茶叶的饮品，冷藏的时间越久，排毒水越苦涩，所以建议大家在它的最佳时间内饮用完。

1小时后

6小时后

从现在开始吧！
最初的排毒水

这里我将为大家介绍最基础的排毒水的制作方法。
来轻松制作吧！

ORANGE WATER
橙子水

酸甜的橙子摇身一变成为饮品。
橙子富含水溶性食物纤维和维生素 C，有消除便秘和美容的作用。

剥掉橙子皮，切成 3~4mm 的薄片。

将 4 片橙子片放入玻璃罐中，加入 350mL 的水，盖上盖子冷藏 2 小时。

\ 完成！/

这样就做成了略带甜味的排毒水啦！

LEMON AND MINT WATER
柠檬薄荷水

柠檬和薄荷清爽的味道最适合夏天品尝。
柠檬有缓解疲劳、缓解宿醉头疼、美容、预防感冒、美白等作用。

柠檬去皮，切成2~3mm的薄片。

将3片柠檬片和2小枝薄荷放入玻璃罐中，加入350mL的水，盖上盖子冷藏2小时。

\ 完成！/

加入少许薄荷就能立刻提升品味，并使其更美味！

CUCUMBER AND LEMMON WATER
黄瓜柠檬水

或许有人会惊讶"把黄瓜放进水里？"其实黄瓜水是美国夏季的必备饮品。你一定要尝尝看！

用削皮器把黄瓜切成薄片。柠檬去皮，切成2~3mm的薄片。

将2片柠檬片和5片（1/3根）黄瓜放入玻璃罐中，加入350mL的水，盖上盖子冷藏2小时。

\ 完成！/

只要喝上一口，你就会喜欢上黄瓜与柠檬水的美味！黄瓜富含钾，能调整人体盐分的含量，有消除水肿的作用。

Part 1
DETOX WATER For Diet
减肥排毒水

一提到减肥,人们首先想到的就是体重下降。其实只要人体新陈代谢正常,没有便秘,那么体重自然而然就会降低。这里我将为大家介绍一些有助于减肥的排毒水,运动后来上一杯,效果更好。

燃烧脂肪的水

使用中式茶、黑胡椒、生姜、柑橘系水果制作的排毒水,能有效燃烧脂肪。肚子饿时喝一杯,能帮助你抵抗零食的诱惑。

\ 推荐早晨喝的柑橘系！/
ORANGE AND LEMON WATER
橙子柠檬水

水中溶解了橙子和柠檬的精华，入口清爽。
不仅美味，还能燃烧脂肪，一举两得！

饮用时间 制作后放置 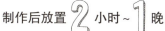 2 小时 ~ 1 晚

材料 （480mL 玻璃罐 1 个份）

橙子（去皮后切成 4mm 厚的薄片）……4 片（小 1/2 个份）
柠檬（去皮后切成 3mm 厚的薄片）……3 片（1/3 个份）
薄荷……适量
蜂蜜……1 大勺
水……300mL

做法

将所有的材料放入玻璃罐中，加水后用搅拌棒充分混合。

小贴士

燃烧脂肪的秘密

橙子 ORANGE

富含能抗氧化的维生素 C 和类胡萝卜素，再加上类黄酮的一种——橙皮苷。橙子中含有的钾可将人体内过多的盐分排出，稳定血压。

柠檬 LEMON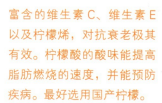

富含的维生素 C、维生素 E 以及柠檬烯，对抗衰老极其有效。柠檬酸的酸味能提高脂肪燃烧的速度，并能预防疾病。最好选用国产柠檬。

薄荷 MINT

众所周知，薄荷中的薄荷醇与薄荷多酚具有抗炎、抗菌等作用。清凉的香味也经常被用于甜品中，有利于缓解喉痛和鼻塞。

Part 1 减肥 燃烧脂肪的水

燃烧脂肪的水

荔枝茶
LYCHEE TEA

葡萄柚生姜酒
GRAPEFRUIT GINGER ALE

荔枝茶

\ 甘甜的美味! / LYCHEE TEA

中式茶最适合搭配荔枝！虽然香味绝顶的乌龙茶最适合饮用，但从燃烧脂肪的角度来说，还是铁观音和普洱茶的效果更好。

饮用时间　制作后放置 2 小时~1 晚

材料　（480mL 玻璃罐 1 个份）

中式茶（茶包）……1 袋
冷冻荔枝（去皮对半切）……5 个份
薄荷……适量
水……300mL

做法　将所有的材料放入玻璃罐中，茶包泡至喜欢的浓度后取出。

小贴士　燃烧脂肪的秘密

中式茶
CHINESE TEA

发酵度高的茶能温暖人体，同时对胃有好处。中式茶中的乌龙茶能有效抑制摄入的碳水化合物分解为糖，使其难以转化成脂肪。

荔枝
LYCHEE

杨贵妃最爱的一种水果。富含维生素 C 和叶酸，中医方面有补血、暖身的功效。最适合贫血和手脚冰冷的人食用。

葡萄柚生姜酒

\ 成熟大人的味道 / GRAPEFRUIT GINGER ALE

生姜酒与葡萄柚的香味与苦味最为搭配。
口味清爽的同时，还能燃烧脂肪。

饮用时间　制作后立刻饮用~4 小时

材料　（480mL 玻璃罐 1 个份）

葡萄柚（去皮后切成 5mm 厚的片）……3 片（1/4 个份）
生姜（切成 2mm 厚的片）……3 片
枫糖浆……1~2 大勺
碳酸水（无糖）……300mL

做法　将所有的材料放入玻璃罐中，加碳酸水后用搅拌棒充分混合。

小贴士　燃烧脂肪的秘密

葡萄柚
GRAPEFRUIT

丰富的钾能解毒，苦味成分（柚苷）还能促进糖分代谢，帮助燃烧脂肪。相比其他水果，蔗糖与果糖的含量较少，最适合减肥者食用。

生姜
GINGER

药味浓厚的生姜在中药中也经常被用到。由于姜皮中含能促进血液循环温暖人体的成分（姜酮）和香味，所以使用时不要削掉皮。

燃烧脂肪的水

\ 甜美却刺激的味道 /
SPICY MELON WATER

芳香甜瓜水

黑胡椒辛辣的味道紧紧包裹住甜瓜馥郁的芳香。

饮用时间
制作后放置 2 小时~1 晚

材料

材料（480mL 玻璃罐 1 个份）
甜瓜（切成 2cm 见方的块）……1 杯（100g）
黑胡椒（整粒）……6 粒
蜂蜜……1 大勺
水……250mL

做法

将所有的材料放入玻璃罐中，加水后用搅拌棒充分混合。

小贴士 燃烧脂肪的秘密

甜瓜
MELON

甜瓜含有能有效利尿的钾，帮助人体改善高血压和动脉硬化。而且，其中丰富的维生素 C、胡萝卜素、矿物质能有效促进脂肪燃烧。甜瓜要挑选分量重且颜色均匀的。

黑胡椒
BLACK PEPPER

尚未成熟就被采摘下来晒干果实的黑胡椒，因其浓烈的辣味和香味，是当之无愧的香料之王。其中丰富的胡椒碱可以促进人体消化、扩张血管、刺激血液循环、帮助燃烧脂肪，让你想胖都难。

\ 醇厚悠远的风味 /
AVOCADO AND CARROT WATER
牛油果胡萝卜水

浸泡得过久，牛油果会软烂，所以要尽快喝掉。

饮用时间 制作后立刻饮用~**6**小时

材料
（480mL 玻璃罐 1 个份）
牛油果（切成 3mm 厚的片）……1/4 个份
胡萝卜（用削皮器削成长片）……4 片（10g）
枫糖浆……1 大勺
水……300mL

做法
将所有的材料放入玻璃罐中，加水后用搅拌棒充分混合。

小贴士 燃烧脂肪的秘密

牛油果
AVOCADO

牛油果因其营养价值丰富而被誉为"森林黄油"，它含有的不饱和脂肪酸能消解体内的胆固醇。挑选时要选择果皮有光泽的品种。如果立刻使用，最好选择果皮有些发黑的。

胡萝卜
CARROT

富含胡萝卜素，能在人体内转化为维生素 A，有效保护黏膜和皮肤，提高人体免疫力，是众所周知的能预防感冒和癌症的食材。要挑选橙色深且粗细均匀的品种。

燃烧脂肪的水

Part 1 减肥 燃烧脂肪的水

消除便秘的水

便秘是导致身体肥胖和浮肿的元凶。养成早起后喝一杯排毒水的好习惯,有助于肠道健康。

\ 好喝到让你停不下来 /
HONEY AND APPLE SODA
蜂蜜苹果苏打

苹果与蜂蜜的最佳搭档就是碳酸水了。搭配清爽芬芳的薄荷,温柔地滋润你的肠道。

饮用时间 制作后放置 2 小时~1 晚

材料 (480mL 玻璃罐 1 个份)

苹果(用削皮器削成片)……10 片(1/8 个份)
蜂蜜……1 大勺
薄荷……适量
碳酸水(无糖)……350mL

做法 将所有的材料放入玻璃罐中,加碳酸水后用搅拌棒充分混合。

小贴士 消除便秘的秘密

苹果
APPLE

含有丰富的水溶性食物纤维(胶质),能有效调整肠胃环境,应对便秘、腹泻等肠胃不适症状。另外,苹果多酚的抗氧化作用超强,能有效抗衰老,达到美容的效果。

碳酸水
SPARKLING WATER

碳酸水中的镁能促进肠胃蠕动,解除便秘的苦恼。推荐在肠胃运动活跃的早晨饮用。

消除便秘的水

Part 1 减肥 消除便秘的水

\ 甜酒更易饮用 /

AMAZAKE AND APPLE CINNAMON WATER

甜酒苹果肉桂水

甜酒让食物纤维更美味!
放入发酵的香草,更添苹果与肉桂的香味。

饮用时间 制作后放置 2 小时 ~ 1 晚

材料 (480mL 玻璃罐 1 个份)

苹果(用削皮器削成片)……10 片(1/8 个份)
肉桂棒……1 根
甜酒(无糖)……1.5 大勺
水……350mL

做法 将所有的材料放入玻璃罐中,加水后用搅拌棒充分混合。

小贴士 消除便秘的秘密

肉桂 CINNAMON

与苹果味道相宜的肉桂有温暖身体的作用,能有效缓解头疼和生理痛,促进肠胃蠕动,有助于排便。中药中它也叫桂皮,其中的桂皮醛能很好地促进血液循环。

甜酒 AMAZAKE

发酵而成的甜酒中富含食物纤维和低聚糖,能促进肠道内有益菌的生长,从而消除便秘,因此它又被誉为"能喝的输液"。其中富含的 B 族维生素还能有效缓解疲劳、燃烧脂肪。我推荐大家选择以米曲为原料发酵的无糖甜酒。

消除便秘的水

梅子加州梅椰汁
PRUNES AND UME COCONUT WATER

无花果气泡水
FIG SPARKLING WATER

\ 酸甜的口感 / PRUNES AND UME COCONUT WATER

梅子加州梅椰汁

微甜的椰汁搭配加州梅的甘甜和梅子的酸，带给你醇厚的美味。喝剩的加州梅也一起吃掉吧！

饮用时间　制作后放置 3 小时~1 晚

材料　（480mL 玻璃罐 1 个份）

加州梅（切成 4mm 厚的片）……4 个份
浓缩梅汁……牙签前端 1cm 份
椰汁……350mL

做法　将所有的材料放入玻璃罐中，加椰汁后用搅拌棒充分混合。

小贴士　消除便秘的秘密

加州梅
PRUNE

加州梅含有丰富的食物纤维、铁元素、β-胡萝卜素，而深紫色的皮中则含有丰富的花青素，具有很好的抗氧化、抗衰老的作用。加州梅干中的矿物质元素也非常丰富，是最适合女性食用的美容食品。

浓缩梅汁
UME EXTRACT

用青涩坚硬的梅子提取的梅汁，含有丰富的梅素（mumefural），能调整肠道环境，预防或改善便秘和腹泻，还能缓解疲劳，促进血液循环，预防夏季身体虚弱。

\ 无花果的香味是主角 / FIG SPARKLING WATER

无花果气泡水

在盛产无花果的季节尝尝这款饮品吧，它自然的芳香和新鲜的味道让你无法忘怀！

饮用时间　制作后立刻饮用~ 6 小时

材料　（480mL 玻璃罐 1 个份）

无花果（切成 4~5mm 厚的片）……1/2 个份
蜂蜜……1 大勺
碳酸水……300mL

做法　将所有的材料放入玻璃罐中，加碳酸水后用搅拌棒充分混合。

小贴士　消除便秘的秘密

无花果
FIG

无花果含有丰富的食物纤维和促进消化的酶，不论是新鲜的还是晒干的，消除便秘的效果都不输于加州梅。8~10 月正是国产无花果的旺季。当无花果整体泛红并且蒂部也带有红褐色时，是最佳食用时机。

提高代谢的水

咖啡因和维生素 C 能有效促进人体代谢，使用含有这类元素的食材制作排毒水，在享受美味的同时还能减肥哦！

\ 自然的清甜与百里香的芬芳完美结合 /
PINEAPPLE AND THYME COCONUT WATER
菠萝百里香椰汁

被誉为"天然运动饮料"的椰汁含有丰富的电解质,极易被人体吸收。搭配菠萝效果更佳。

饮用时间 制作后放置 2 小时~1 晚

材料 (480mL 玻璃罐 1 个份)

菠萝(切成 2cm 见方的块)……1 杯(100g)
百里香……1 枝
椰汁……250mL

做法

将所有的材料放入玻璃罐中,加入椰汁后用搅拌棒充分混合。

小贴士

提高代谢的秘密

菠萝 PINEAPPLE

菠萝含有丰富的维生素 B₁、矿物质和酶,能促进人体代谢,帮助糖分解。人体代谢差是造成便秘的一大主因,菠萝中丰富的食物纤维对于消除顽固便秘有很大的帮助,同时有助于减肥。

百里香 THYME

经常用于香草茶和肉类料理的百里香能缓解感冒不适,香水、清凉剂、牙粉也十分钟情百里香独有的凉爽香味。入浴时在水中放入一点百里香,舒缓身心的同时还能缓解疼痛,消除水肿。

椰汁 COCONUT WATER

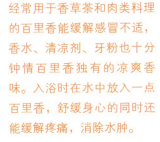

椰汁味道清甜,含有丰富的钾、钙、镁等矿物质元素,但卡路里含量极低。其所含的镁还能改善便秘。

Part 1 减肥 提高代谢的水

提高代谢的水

\ 满满的维生素带来的清爽酸味 /
STRAWBERRY ROSE HIP WATER

草莓玫瑰果水

浸泡得越久，草莓的甘甜和颜色便会越加溶入水中。
建议浸泡得久一点再喝。

饮用时间 制作后放置 **3** 小时~ **1** 晚

材料 （480mL 玻璃罐 1 个份）

草莓（切成 2~3mm 厚的片）……5 个份
玫瑰果（茶包）……1 袋
蜂蜜……1 大勺
水……350mL

做法

将所有的材料放入玻璃罐中，茶包泡至喜欢的浓度后取出。

小贴士

提高代谢的秘密

玫瑰果
ROSE HIP

玫瑰果含有丰富的维生素C，以及矿物质和钙，能促进消化，还能预防感冒，有利于通便、利尿。经常被用于制作美容精油。

草莓
STRAWBERRY

草莓中的水溶性食物纤维有助于通便，而维生素C则能抗氧化。需要注意的是，清洗时如果摘掉草莓蒂，其中的维生素C就会迅速流失，而且草莓不耐热，所以推荐大家将整颗草莓放到凉水里清洗。可冷冻保存。

Part 1 减肥 提高代谢的水

提高代谢的水

\ 让香草柔和的香味在口中扩散 /
GREEN HERB TEA

绿色香草茶

将单独的一种香草搭配绿茶饮用，或者随心情将多种香草任意组合搭配饮用皆可。

饮用时间 制作后立刻饮用~**4**小时

材料（480mL 玻璃罐 1 个份）

薄荷……适量
香茅……2 根
迷迭香……1 枝
绿茶（茶包）……1 袋
水……400mL

做法

将所有的材料放入玻璃罐中，茶包泡至喜欢的浓度后取出。

小贴士

提高代谢的秘密

绿茶
GREEN TEA

绿茶所含有的咖啡因能刺激人体的交感神经，促进新陈代谢。而茶中带有涩味的儿茶素有抗氧化的作用，能有效降低胆固醇值，还能预防癌症、老年痴呆、糖尿病。

香茅
LEMONGRASS

能使人集中精神，赶走困顿，还能调整肠胃状态，促进消化，改善消化不良和腹泻症状。香茅还能帮助分解脂肪，所以用餐时适合搭配此种香草茶。

迷迭香
ROSEMARY

迷迭香能软化血管，促进血液循环，还能促进新陈代谢，有效抗衰老，有"返老还童之香草"的美称。栽培也很简单，适合用于肉类料理和花茶等中。

Part 1 减肥 提高代谢的水

Part 2
DETOX WATER
For Beauty
美容排毒水

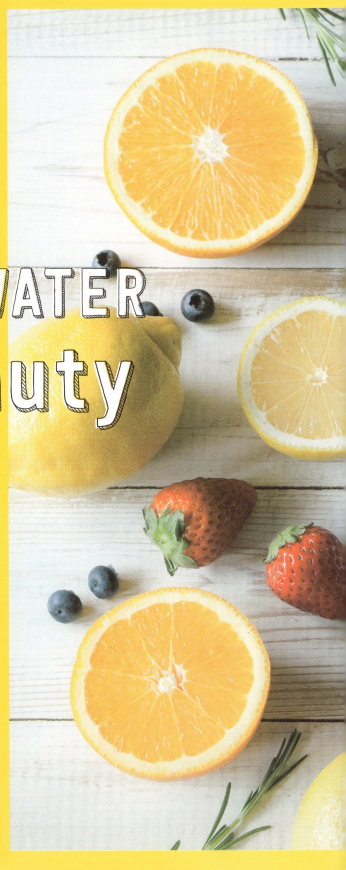

人的肌肤和头发（头皮）深受季节、气温的变化、人际交往间压力的影响，每日都在默默地改变着。而排毒水将艳丽多彩并含有丰富维生素的水果组合搭配，拥有非常棒的美容效果。只要营养均衡，睡眠充足，什么烦恼都能得以解决！

改善皮肤粗糙的水

减肥、偏食、睡眠不足，这些都是肌肤粗糙的诱因。选择含有维生素A、维生素C、维生素E等抗氧化作用的食材，由内而外地唤醒你的肌肤吧！

芒果橙子美容水
MANGO AND ORANGE BEAUTY WATER

番茄罗勒气泡水
TOMATO AND BASIL SPARKLING WATER

\ 香甜的美味 / MANGO AND ORANGE BEAUTY WATER

芒果橙子美容水

鲜亮的橙色让人一眼看上去就感觉很有活力。
浸泡得越久，芒果的香味越浓。

饮用时间　制作后放置 **3** 小时~ **1** 晚

材料（480mL 玻璃罐 1 个份）

芒果（去皮后切成 4~5mm 厚的片）……4 片（25g）
（或芒果干……2 片）
橙子（去皮后切成 4mm 厚的片）……4 片（小 1/2 个份）
蜂蜜……1 大勺
水……350mL

做法　将所有的材料放入玻璃罐中，加水后用搅拌棒充分混合。

小贴士　改善皮肤粗糙的秘密

芒果
MANGO

维生素 A 能保护人体皮肤和黏膜，β-胡萝卜素能保护细胞，维生素 C 对改善雀斑和皱纹很有效果，而 B 族维生素则能有效缓解疲劳、构建健康的肌肤。但要注意，冷冻过久会让芒果果肉变黑。

\ 像意面一样的美味 / TOMATO AND BASIL SPARKLING WATER

番茄罗勒气泡水

咽下的那一刹那，番茄浓厚的清香便会涌上喉头，让人喝一口就停不下来。这款排毒水还能当汤品来喝。

饮用时间　制作后立刻饮用~ **8** 小时

材料（480mL 玻璃罐 1 个份）

番茄（切成 5mm 厚的片）……5 片（小 1/2 个份）
罗勒……1 枝（5~6 片叶子份）
碳酸水（无糖）……350mL

做法　将所有的材料放入玻璃罐中，加碳酸水后用搅拌棒充分混合。

小贴士　改善皮肤粗糙的秘密

番茄
TOMATO

丰富的番茄红素能有效防止紫外线对人体的伤害，还能改善肌肤粗糙和粉刺症状。而作为水溶性食物纤维的果胶则能调整肠道环境，改善肌肤粗糙的同时促进排便。

罗勒
BASIL

拥有独特香味能刺激食欲的唇形科植物罗勒，经常被用于意面和沙拉的制作中。罗勒中含有的 β-胡萝卜素，具有超强的抗氧化能力，能坚固血管，预防肌肤粗糙和口腔炎症，还能有效预防生活习惯病和感冒。

改善皮肤
粗糙的水

\ 玫瑰的香味治愈你的肌肤和心灵 /
ROSE AND LEMONGRASS BEAUTY WATER

玫瑰香茅美容水

一款能让你变身为公主的饮品。
最适合在泡澡时惬意地享受。

饮用时间 制作后放置 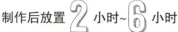 2 小时~6 小时

材料 （480mL 玻璃罐 1 个份）

香茅……3 根
玫瑰茶（叶子）……2 大勺（或茶包……1 袋）
水……400mL

做法

将所有的材料放入玻璃罐中，茶包泡至喜欢的浓度后取出。

小贴士

改善皮肤粗糙的秘密

玫瑰茶
ROSE TEA

弥漫着馥郁芳香的玫瑰茶具有美容、镇静的功效，还能调整人体内的荷尔蒙平衡，从而改善生理痛症状。这款茶也经常被当做高保湿化妆水来用。

香茅
LEMONGRASS

香茅具有淡淡的柠檬香，能促进血液和淋巴循环，抚慰因疲劳而粗糙的肌肤。同时它具有很好的杀菌作用，能缓解感冒引起的不适，并能缓解疲劳。

Part 2 美容 改善皮肤粗糙的水

美白水

维生素C能抑制导致皮肤变黑的黑色素的生长。因此含有丰富维生素C的排毒水能让你的肌肤白皙通透。

\ 甘甜好喝 /
CHERRY AND ROSE HIP WHITENING WATER

樱桃玫瑰果美容水

用玫瑰果的酸味衬托樱桃浓厚的香味和蜂蜜的甘甜。
喝剩的樱桃也十分美味，可以将它放入甜点或肉类料理里面。

饮用时间　制作后放置  2 小时~1 晚

材料（480mL 玻璃罐 1 个份）

美国黑樱桃（对半切）……5 个份
玫瑰果茶（茶包）……1 袋
蜂蜜……1 大勺
水……350mL

做法

将所有的材料放入玻璃罐中，加水后用搅拌棒充分混合。

小贴士

美白的秘密

樱桃 CHERRY

樱桃中的矿物质和维生素非常丰富，尤其是铁元素。与维生素搭配能有效地促进血液循环，改善肌肤粗糙，并达到美白的效果，还能缓解疲劳。

蜂蜜 HONEY

同时含有维生素、矿物质、氨基酸、酶、多酚的天然食材，就只有蜂蜜了。为你打造美丽肌肤的同时，还能保证健康，并能抗衰老。由于蜂蜜具有保温和杀菌的作用，还能被用做皮肤护理。

美白水

\ 酸甜的口感让你停不下来 / KIWI AND LEMON VITAMIN WATER

猕猴桃柠檬维生素水

充足的维生素！外表和味道都十分清爽的美白水。
建议不加任何甜味剂直接喝。

饮用时间 制作后放置 2 小时~1 晚

材料（480mL 玻璃罐 1 个份）

猕猴桃（去皮后切成 3~4mm 厚的片）……1/2 个份
柠檬（去皮后切成 2~3mm 厚的片）……3 片
枫糖浆……1 大勺
水……300mL

做法 将所有的材料放入玻璃罐中，加水后用搅拌棒充分混合。

小贴士 美白的秘密

猕猴桃
KIWIFRUIT

里面丰富的多酚、维生素 E 能有效抗氧化、抗衰老、抗炎症，并能修复被晒伤的肌肤。果肉鲜亮的颜色正适合制作排毒水。

\ 只是看着心情就会变好 /
BERRY SODA FOR WHITENING

鲜莓美白苏打

用蜂蜜或枫糖浆打造甘甜的美味！

饮用时间　制作后立刻饮用~4小时

材料 （480mL 玻璃罐 1 个份）

草莓（切成 5mm 厚的片）……4 个份
蓝莓……6 个
覆盆子……5 个
薄荷……适量
蜂蜜……1 大勺
碳酸水（无糖）……350mL

做法

将所有的材料放入玻璃罐中，加碳酸水后用搅拌棒充分混合。

小贴士　美白的秘密

蓝莓
BLUEBERRY

作为多酚的一种，花青苷具有很好的恢复视力、抗氧化和美白的作用。酸甜适口，食用简单，还可冷冻保存。

覆盆子
RASPBERRY

由于覆盆子的味道很酸，所以一般用来制作果酱或装饰蛋糕。但它具有很强的抗氧化能力，能有效保护肌肤不受紫外线的侵害。同时覆盆子含有的芳香成分——覆盆子酮，对减肥非常有帮助。

美白水

Part 2　美容　美白水

美发水

美丽的头发源于健康的头皮。下面这些排毒水含有丰富的维生素和矿物质,能为头发提供充足的营养。洗澡时也要记得按摩头皮哦!

\ 让发质更上一层楼的成熟味道 /
STRAWBERRY AND ROSEMARY SPARKLING WATER

草莓迷迭香气泡水

迷迭香迷人的香味是重点。
香气浓郁的迷迭香可根据喜好提前取出。

饮用时间 制作后放置 2 小时~1 晚

材料（480mL 玻璃罐 1 个份）

草莓（切成 5mm 厚的片）……5 个份
迷迭香……1 枝
蜂蜜……1 大勺
碳酸水（无糖）……350mL

做法

将所有的材料放入玻璃罐中，加碳酸水后用搅拌棒充分混合。

小贴士

美发的秘密

草莓 STRAWBERRY

维生素 C 能帮助人体生成胶原蛋白，对美容和头皮健康都十分有益。成人每日需要食用 7~8 个大草莓才能满足对维生素 C 的需求（100mg）。挑选时要选择叶子鲜嫩、颗粒饱满者。

碳酸水 SPARKLING WATER

碳酸水能给予肠胃适当的刺激，从而促进消化吸收，并能增加体内的氧气含量，促进血液循环。洗澡时按摩头皮，促进头部的血液循环，也是美发的一大关键。

美发水

\ 红彩椒的清甜香味是重点 / MELON AND RED BELL PEPPER HEALTHY WATER

甜瓜红彩椒健康水

甜瓜与香味浓烈的蔬菜十分搭配！
刺激的味道让你欲罢不能。

饮用时间 制作后放置 **2** 小时~**1** 晚

材料（480mL 玻璃罐 1 个份）

甜瓜（切成 2cm 见方的块）……1/2 杯（约 50g）
红彩椒（切成 2~3mm 的片）……5 片（约 10g）
水……300mL

做法 将所有的材料放入玻璃罐中，加水后用搅拌棒充分混合。

小贴士 美发的秘密

甜瓜
MELON

甜瓜里的抗氧化物质（羟基普鲁卡因）能长久保持细胞活性。最好挑选未熟的甜瓜常温保存，使其自然发酵成熟，食用前再放入冰箱冷藏。

红彩椒
RED BELL PEPPER

红彩椒的皮里含有比番茄红素的抗氧化力还强的辣椒红素，还含有防止老化的维生素 C 和胡萝卜素，能有效维持肌肤和头发的健康。

\ 适合夏季的清凉感 / MINI TOMATO AND BLUEBERRY WATER

薄荷小番茄蓝莓水

番茄清爽的口感搭配蓝莓酸甜的香味。
成品外表非常可爱,喝时也会让你感觉心动不已!

饮用时间 制作后放置 2 小时~1 晚

材料 (480mL 玻璃罐 1 个份)

小番茄(对半切)……5 个份
(或普通的番茄<切成 5mm 厚的片>……3 片)
蓝莓……10 个
蜂蜜……1 大勺
水……350mL

做法 将所有的材料放入玻璃罐中,加水后用搅拌棒充分混合。

小贴士 美发的秘密

小番茄
MINI TOMATO

沙拉中经常用到的小番茄,和中玉番茄、大玉番茄相比,虽然个头小,但营养价值更高。番茄红素能为头皮补充营养,从而保证头发的健康。

Part 3
DETOX WATER For Health
健康排毒水

我们的身体经常会出些小毛病，但并未严重到吃药或去医院的程度，这时候我们就需要能缓解不适症状的排毒水了。喝完后，如果能感觉到自然的力量瞬间从体内涌出，那就是细胞恢复活力的证明。

消肿水

要想消除身体的水肿，我推荐含钾丰富的黄瓜、西瓜等食材。而像椰汁这种低卡路里、钾含量丰富的饮品，我更是极力推荐。

\ 清爽的口感最适合用餐时饮用 /
CUCUMBER AND CARDAMOM WATER
黄瓜小豆蔻水

黄瓜＋柠檬水，再搭配小豆蔻的香气，可以说是排毒水的最佳代名词。
不喜欢黄瓜轻微涩味的人也能尽情享受。

饮用时间　制作后放置 1 小时～1 晚

材料　（480mL 玻璃罐 1 个份）

黄瓜（用削皮器削成片）……5 片（1/3 根）
柠檬（去皮后切成 2~3mm 的片）……2~3 片
小豆蔻……5 粒
水……350mL

做法

将所有的材料放入玻璃罐中，加水后用搅拌棒充分混合。

小贴士

消除水肿的秘密

黄瓜
CUCUMBER

虽然黄瓜一年四季都有，但最佳的食用季节还是夏季，毕竟它有能给身体降温的作用。露天栽培的黄瓜水分更多，更适合排毒。除了含有能将体内多余水分排出的钾，还有通便的镁，能有效改善身体的水肿现象。

柠檬
LEMON

柠檬酸能帮助血液循环，提高内脏功能，帮助身体排出废物，同时能帮助人体吸收镁等矿物质，调整身体状况。

小豆蔻
CARDAMOM

印度料理中经常用到的小豆蔻，其实也经常被用于制作香草茶、咖喱料理、肉类料理、点心等。它能促进唾液和胃液的分泌，帮助消化，温暖身体，促进排汗。

消肿水

\ 有东南亚风味的西瓜饮品 /
WATERMELON AND BLUEBERRY WATER
西瓜蓝莓水

西瓜固然甜，但再加入甜味料就更有东南亚风味，甘甜的口感最适合酷暑时饮用。

饮用时间 制作后放置 **1** 小时~**1** 晚

材料 （480mL 玻璃罐 1 个份）

西瓜（用勺子挖果肉）……1 杯（100g）
冷冻蓝莓……10 个
蜂蜜……1~3 大勺
水……350mL

做法

将所有的材料放入玻璃罐中，加水后用搅拌棒充分混合。

小贴士

消除水肿的秘密

西瓜 WATERMELON

夏季的代表性水果——西瓜，内含丰富的钾，能有效将人体内的多余水分排出体外。瓜皮上条纹清晰且瓜底部淡茶色部分小的西瓜比较好，切开后要尽快食用完。

蓝莓 BLUEBERRY

其富含的抗老化成分维生素 E 和花青苷能促进人体细胞代谢，让身体更轻松。外皮上附着的白色粉末是蓝莓分泌的保护膜，能长久保持蓝莓的新鲜度。

消肿水

\ 充满热带风情的酸橙 / ORANGE AND LIME COCONUT WATER

橙子酸橙椰汁

橙子中丰富的钾能防止水肿。
如果嗜甜还可加入甜味料!

饮用时间　制作后放置 2 小时~1 晚

材料（480mL 玻璃罐 1 个份）

橙子（去皮后切成 3~4mm 厚的片）……4 片（1/2 个份）
酸橙（去皮后切成 2~3mm 厚的片）……3 片（1/4 个份）
椰汁……350mL

做法　将所有的材料放入玻璃罐中，加椰汁后用搅拌棒充分混合。

小贴士　消除水肿的秘密

橙子 ORANGE

里面丰富的钾能有效消除腿脚的水肿。饮酒前喝一杯橙汁还能降低血液里的酒精浓度，有效缓解宿醉后的水肿。

酸橙 LIME

经常被用于酿酒和制作果汁的绿色酸橙，它的酸与柠檬迥然不同，但其中的柠檬酸依然能加速血液循环，改善身体疲劳和水肿。挑选时要选择表皮有光泽且蒂部比较硬的。

消肿水

Part 3 健康 消肿水

\ 清爽的口感让你欲罢不能 / MELON AND CELERY WATER

甜瓜芹菜水

曾经人们经常用甜瓜增添红酒的香味，现如今它变成了排毒水不可或缺的食材。

饮用时间 制作后放置 2 小时~1 晚

材料 （480mL 玻璃罐 1 个份）

甜瓜（切成 2cm 见方的块或 4mm 厚的片）……1/2 杯（50g）
芹菜（切成 2cm 的段或用削皮器削成片）……1/2 杯（20g）
水……350mL

做法 将所有的材料放入玻璃罐中，加水后用搅拌棒充分混合。

小贴士 消除水肿的秘密

芹菜 CELERY

芹菜的香味具有镇定心情的作用，还含有丰富的维生素 A、钾和食物纤维。对于摄入盐分过多而导致的浮肿，我推荐食用含钾丰富的食材。同时，芹菜中含有的吡啶还能帮助人体改善血液循环。

55

缓解头疼 & 宿醉的水

饮用含有丰富维生素和矿物质的排毒水,能有效促进人体内的酒精排出。

\ 令人意外的美味 /
DAIKON AND GINGER WATER
萝卜生姜水

这款饮品从名字上看好像不会好喝的样子，但其实它的味道超乎你想象的清淡柔和。你一定会惊异于它清爽的口感！

饮用时间　制作后放置 2 小时 ~ 1 晚

材料（480mL 玻璃罐 1 个份）

萝卜（用削皮器削 10cm 长的片）……5 片
生姜（切成 2~3mm 厚的片）……4 片
蜂蜜……1 大勺
薄荷……适量
水……350mL

做法

将所有的材料放入玻璃罐中，加水后用搅拌棒充分混合。

小贴士

缓解头疼 & 宿醉的秘密

萝卜
DAIKON

人们之所以经常在烧鱼时加入萝卜泥，是因为它含有能帮助消化吸收的淀粉酶等物质。同时萝卜皮含有丰富的维生素 C 和食物纤维，所以最好连皮一起食用。

生姜
GINGER

生姜有利于促进肠胃的血液循环，是能应对发烧、呕吐、晕车、感冒初期症状的万能药。而生姜中含有的名为"姜酚"的物质，则具有抗氧化的作用，能有效抗衰老。

薄荷
MINT

新鲜薄荷的香味能使人放松，从而缓解头痛，促进消化器官的蠕动，改善宿醉后全身无力的状况。同时对支气管炎和过敏性花粉症也有不错的效果。

缓解头疼 & 宿醉的水

芹菜香茅清爽水
CELERY AND LEMONGRASS WATER

生姜紫苏排毒茶
GINGER AND GREEN PERILLA DETOX TEA

洋甘菊薄荷气泡茶
CHAMOMILE AND
MINT SPARKLING TEA

Part 3 健康 缓解头疼&宿醉的水

CELERY AND LEMONGRASS WATER
一口气喝光，带给你不一样的舒爽心情
芹菜香茅清爽水（P.58图片左）

芹菜和香茅清爽的香味能够带给人愉悦的心情。
芹菜的叶子不仅香气浓郁，营养也十分丰富，所以连同叶子一起使用效果更佳！

饮用时间 制作后放置 2 小时 ~ 1 晚

材料（480mL 玻璃罐 1 个份）

芹菜（用削皮器削 10cm 长的片）……5 片
香茅……3 根
水……400mL

做法

将所有的材料放入玻璃罐中，加水后用搅拌棒充分混合。

小贴士

缓解头疼 & 宿醉的秘密

香茅
LEMONGRASS

香茅能缓解头痛和感冒的初期症状，而且经常用于泰国料理当中，具有帮助消化的作用，最适合用来改善宿醉后的食欲不振。香茅的精油还能用来驱虫。

\ 生姜与绿紫苏的混合香味 / GINGER AND GREEN PERILLA DETOX TEA

生姜紫苏排毒茶（P.58图片右）

不喜欢红茶中略带涩味的人可以用锡兰红茶代替，
但我更推荐有佛手柑香味的伯爵格雷红茶。

饮用时间　制作后立刻饮用~ 4 小时

材料　（480mL 玻璃罐 1 个份）

生姜（切成 2~3mm 厚的片）……3 片
绿紫苏……2 片
红茶（茶包）……1 袋
水……400mL

做法

将所有的材料放入玻璃罐中，茶包泡至喜欢的浓度后取出。

小贴士　缓解头疼&宿醉的秘密

绿紫苏
GREEN PERILLA

由于绿紫苏能抑制出汗，帮助排痰，所以经常被用于中药当中。而其中 β-胡萝卜素、钙和铁元素能促进胃液分泌，帮助消化。同时其优良的杀菌、防腐功效，也经常用于刺身料理中，使其保持新鲜度。

\ 能轻松治愈病痛 / CHAMOMILE AND MINT SPARKLING TEA

洋甘菊薄荷气泡茶（P.59图片）

用具有良好镇静作用的洋甘菊搭配薄荷，效果更棒。
喝下去的每一口都能为你舒缓紧张心情。

饮用时间　制作后放置 2 小时~ 1 晚

材料　（480mL 玻璃罐 1 个份）

薄荷……1/2 杯
洋甘菊茶（茶包）……1 袋
枫糖浆……1 大勺
碳酸水（无糖）……400mL

做法

将所有的材料放入玻璃罐中，茶包泡至喜欢的浓度后取出。

小贴士　缓解头疼&宿醉的秘密

洋甘菊茶
CHAMOMILE TEA

洋甘菊对于缓解烧心、失眠、疲劳、口臭、生理痛、压力等症状有非常好的功效，因此在欧洲它也常被当做民间药方来用。甘甜的苹果香味是它的特点。德国洋甘菊所含有的甘菊环还具有抗炎症的作用。

缓解视疲劳的水

对于缓解眼睛的疲劳，我推荐补充对视网膜有益处的维生素A、B族维生素和能抗氧化的维生素C。当然也要记得时常闭上眼睛休息下哦！

好好享受这份清香吧
BASIL AND GREEN PERILLA SODA

罗勒绿紫苏苏打

罗勒和绿紫苏的香味随着碳酸水的气泡一起上升。

饮用时间　制作后立刻饮用~ **4** 小时

材料（480mL 玻璃罐 1 个份）

罗勒……1 枝（5~6 片叶子份）
绿紫苏……3 片
碳酸水（无糖）……350mL

做法

将所有的材料放入玻璃罐中，加碳酸水后用搅拌棒充分混合。

小贴士　缓解视疲劳的秘密

罗勒
BASIL

据说有150多个品种的罗勒，香味十分浓郁，经常被用于料理和药草当中。富含的维生素E能有效缓解压力带来的头痛和眼睛疲劳，并能安定烦躁的情绪。放有罗勒的香草茶对于治疗失眠症也很有效。

\ 酸橙的酸味是重点 / KIWI AND LIME WATER

猕猴桃酸橙水

猕猴桃浸泡得越久越有滋味，加入蜂蜜好好品尝吧！

饮用时间 制作后放置 2 小时~1 晚

材料（480mL 玻璃罐 1 个份）

猕猴桃（去皮后切成 3~4mm 厚的片）……1/2 个份
酸橙（去皮后切成 2~3mm 厚的片）……3 片
蜂蜜……1 大勺
水……350mL

做法 将所有的材料放入玻璃罐中，加水后用搅拌棒充分混合。

小贴士 缓解视疲劳的秘密

猕猴桃 KIWIFRUIT

具有抗氧化功效的维生素 C 和维生素 E 能促进毛细血管里的血液循环，从而缓解眼睛、肩膀和脖子的疲劳，能够预防感冒，有助于病后恢复。而且，令果肉颜色鲜艳的叶绿素能改善贫血且有美容功效，还能有效为身体排毒。

Part 3 健康 缓解视疲劳的水

缓解视疲劳的水

\ 用甜美的香味恢复活力 / ORANGE AND CINNAMON WATER
橙子肉桂水

肉桂具有良好的提高免疫力的作用。
最好浸泡得久一点，享受橙子和肉桂的完美结合吧！

饮用时间　制作后放置 **4** 小时~**1** 晚

提高免疫力的水

水果是提高免疫力的营养元素宝库。佐以薄荷、肉桂、浓缩梅汁、蜂蜜等能增强体质的食材，效果更佳。

材料 （480mL 玻璃罐 1 个份）

橙子（去皮后切成 3~4mm 厚的片）……5 片（约 1/2 个份）
肉桂枝……1 根
水……350mL

做法

将所有的材料放入玻璃罐中，加水后用搅拌棒充分混合。

小贴士　提高免疫力的秘密

肉桂
CINNAMON

肉桂能扩充毛细血管，提高体温，促进发汗，从而达到排出体内废旧物、提高免疫力的效果。在促进食欲、消除便秘的基础上，还能恢复人体活力。放入红茶中浸泡也是个不错的选择。

\ 芒果与薄荷的甜美融合 / MANGO AND MINT WATER

芒果薄荷水

芒果浸泡得略软,待甜味充分渗出后再饮用。

饮用时间 制作后放置 **3** 小时~**1** 晚

材料 (480mL 玻璃罐 1 个份)

芒果(去皮后切成 5mm 厚的片)……6 片(40g)
薄荷……适量
水……350mL

做法 将所有的材料放入玻璃罐中,加水后用搅拌棒充分混合。

小贴士 提高免疫力的秘密

芒果
MANGO

芒果含有丰富的β-胡萝卜素、维生素C、钾。同时,里面的叶酸是人体造血的必备营养元素,能预防贫血,对于生理痛和更年期等妇科疾病都十分有效,还能改善便秘症状。

提高免疫力的水

\ 清爽的甜与酸是最佳搭配 /
UME EXTRACT AND FRUITS DETOX WATER
梅汁水果排毒水

能大口饮用的提高免疫力的梅子水。
最好等水果浸泡入味后再饮用。

饮用时间　制作后放置 3 小时 ~ 1 晚

材料（480mL 玻璃罐 1 个份）

苹果（切成 2~3mm 厚的片）……10 片（1/8 个份）
蓝莓……10 个
浓缩梅汁……牙签前端 1cm 份
蜂蜜……1 大勺
水……350mL

做法

将所有的材料放入玻璃罐中，加水后用搅拌棒充分混合。

小贴士

提高免疫力的秘密

浓缩梅汁
UME EXTRACT

在日本被称为"万能药"的浓缩梅汁含有丰富的苹果酸、柠檬酸和梅素，能有效净化血液，促进血液循环。排毒作用加上杀菌、调理肠胃，能有效提高免疫力。

苹果
APPLE

"一天一苹果，医生远离我"，由此可见苹果是一种多么万能的水果。不仅能促进消化，还能改善万病之源——便秘，提高人体免疫力。而其中含有的苹果多酚还具有很高的抗氧化作用，能有效抗衰老。

蓝莓
BLUE BERRY

蓝莓之所以呈现蓝紫色，是因为含有超强抗氧化的花青苷色素。花青苷能提高细胞新陈代谢速度，从而提高免疫力，为你打造不易生病的健康身体。

Part 3　健康　提高免疫力的水

促进消化的水

就算什么都不想吃,也不要忘记用促进消化吸收的菠萝和草莓等水果做一杯排毒水,给身体补充水分。

\ 甜腻的热带滋味 /
PINEAPPLE AND GINGER WATER
菠萝生姜水

生姜对于肠胃不好的人来说会有刺激，
所以要根据个人情况斟酌放 1~3 片。

饮用时间　制作后放置 **2** 小时~**1** 晚

材料　（480mL 玻璃罐 1 个份）

菠萝（切成 2cm 见方的块）……1 杯（约 100g）
生姜（切成 2~3mm 厚的片）……1~3 片
麦卢卡蜂蜜……1 小勺
水……250mL

做法

将所有的材料放入玻璃罐中，加水后用搅拌棒充分混合。

小贴士

促进消化的秘密

菠萝
PINEAPPLE

酸甜的菠萝含有的蛋白质分解酶——菠萝蛋白酶，能有效改善腹泻和消化不良。其中丰富的多种维生素和柠檬酸，能调整体质，最适合缓解身体疲劳和倦怠感。

麦卢卡蜂蜜
MANUKA HONEY

麦卢卡蜂蜜具有调理肠胃的作用，对于腹泻、胃炎、消化不良等症状非常有效，还能预防感冒和流感，有效缓解喉痛、擦伤、切伤等。对体内的幽门螺杆菌和大肠菌的杀菌作用也非常强。

Part 3　健康　促进消化的水

促进消化的水

\ 多彩的外观让人活力充沛 / FRUITS SPARKLING WATER
水果气泡水

能清胃的碳酸水加上丰富的水果，滋味更棒。
少许蜂蜜让排毒水的色香味俱全。

饮用时间　制作后立刻饮用~**1**晚

材料 （480mL 玻璃罐 1 个份）

草莓（切成 5mm 厚的片）……5 个份
蓝莓……10 个
橙子（去皮后切成 5mm 厚的片）……4 片
蜂蜜……1 大勺
薄荷……适量
碳酸水（无糖）……300mL

做法

将所有的材料放入玻璃罐中，加碳酸水后用搅拌棒充分混合。

小贴士　促进消化的秘密

草莓 STRAWBERRY

就算身体不适时，草莓也不会让肠胃产生负担，而且其丰富的维生素能轻柔地抚慰你的肠胃，最适合搭配碳酸水和薄荷。市面上不断有草莓新品种冒出，其实自己用花盆栽培也未尝不可。

\ 让身心舒畅的水 / GRAPEFRUIT ROOIBOS TEA

葡萄柚路易波士茶

最适合与橙子搭配的路易波士茶，与葡萄柚搭配起来也十分美味！浸泡得太久，葡萄柚容易出现苦味，所以请尽快饮用完。

饮用时间　制作后放置 1 小时~ 6 小时

材料（480mL 玻璃罐 1 个份）

葡萄柚（去皮后切成 3cm 见方块）……1/4 个份
路易波士茶（茶包）……1 袋
水……400mL

做法

将所有的材料放入玻璃罐中，茶包泡至喜欢的浓度后取出。

小贴士　促进消化的秘密

路易波士茶
STRAWBERRY

红色的路易波士茶不含咖啡因，含有丰富的钙与维生素，能有效改善胃部不适和腹泻症状。同时，丰富的抗氧化成分，促进新陈代谢的同时还能抗衰老。

Part 4
Almond Milk
杏仁牛奶

含有能令人返老还童的维生素E、铁元素和油酸的杏仁牛奶，是很受欢迎的健康饮品。不仅能改善多数女人烦恼的贫血问题，还能有效抗衰老。它的卡路里含量比豆浆还低，就算是减肥人士也能放心饮用。

杏仁牛奶基础做法

南欧人偏爱的生杏仁口感清淡，
却能将杏仁的苦与香散发得淋漓尽致。

材料（容易制作的量·约500mL）

生杏仁……100g
水……500mL

1

将生杏仁用水（材料表外）浸泡8小时以上。

2

把杏仁放入浅筐中冲洗，加入新的水后，用大功率的搅拌器搅拌1~2分钟。

重点！

使用大功率的搅拌器！
杏仁非常容易残留纤维和碎渣，所以请尽量使用大功率的搅拌器来制作。

可保存2~3天！
使用梅森罐等密封性高的容器可保存2~3天。多做一点就能随时享用。

3

搅拌至液体变得顺滑即可。用纱布或厨房纸等过滤一下，可使口感更佳。嗜甜的人可根据喜好放入枫糖浆。

提高工作效率

\ 清淡的甜味治愈人心 /
ALMOND MILK
杏仁牛奶

杏仁里丰富的维生素和矿物质能由内而外地给人体提供动力。

小贴士 提高工作效率的秘密

杏仁
ALMOND

能促进代谢和抗老化功效的杏仁含有丰富的维生素B_2、维生素E、铁元素等物质,促进脑部血液流动的同时,能提高思考能力和记忆力。还有研究表明,食用杏仁减肥不易反弹。

Part 4 杏仁牛奶 提高工作效率

\ 抚慰身心的味道 /
BERRY BERRY ALMOND MILK
浆果杏仁牛奶

在包含所有杏仁精华的杏仁牛奶中，添加水果的美味与芬芳。

饮用时间　制作后放置 2 小时 ~ 1 晚

材料　（480mL 玻璃罐 1 个份）

草莓（切成 5mm 厚的片）……4 个份
枸杞……6 粒
蓝莓……10 个
蜂蜜……1 大勺
（使用购买的加糖杏仁牛奶时，蜂蜜要酌情添加）
杏仁牛奶……300mL

做法

将所有的材料放入玻璃罐中，加杏仁牛奶（做法参照 P.74）后用搅拌棒充分混合。这款饮品容易分层，喝时要充分搅拌。

小贴士

提高工作效率的秘密

枸杞 GOJIBERRY

自古枸杞的根、果实和叶子都是中药里的药材。它含有的抗氧化成分能有效去除芦丁、丹宁等损伤细胞的活性氧，还能缓解压力和视疲劳，预防生活习惯病。

蓝莓 BLUEBERRY

抗衰老效果优秀的蓝莓能缓解视疲劳。长时间工作后，来一杯加蓝莓的杏仁牛奶，让眼睛放松一下吧！

\ 一边享受香味一边饮用 /

ALMOND MILK CHAI
杏仁奶茶

此款饮品能让你享受到中式杏仁牛奶的美味。
红茶是制作奶茶的不二选择。

饮用时间 制作后放置 2 小时 ~ 1 晚

材料（480mL 玻璃罐 1 个份）

红茶（茶包）……1 袋
肉桂枝……1 根
小豆蔻……5 粒
枫糖浆……1 大勺
（使用购买的加糖杏仁牛奶时，枫糖浆要酌情添加）
生姜（切成 2~3mm 厚的片）……3 片
杏仁牛奶……350mL

做法

将所有材料放入玻璃罐中。茶用杏仁牛奶（做法参照 P.74）浸泡，泡至喜欢的浓度后取出。这款饮品容易分层，喝时要充分搅拌。

小贴士

提高工作效率的秘密

肉桂 CINNAMON

自古医书就有记载并沿用至今的肉桂，是异国料理和中式料理中不可缺少的香料。它独特的香味能舒缓身心的疲劳，让你保持好心情。

小豆蔻 CARDAMON

小豆蔻能消除肉类料理里的臭味。作为中药的一种，它还能促进消化、缓解腹痛。它的香味能提高人的注意力、平稳心情，还能唤起人的干劲。

红茶 TEA

红茶里的咖啡因能缓解压力、消除疲劳、使人保持清醒。而红茶多酚则能将有害物质排出体外，达到排毒的作用。优雅的香味最能让人放松心情了。

预防贫血

杏仁里丰富的维生素 B_2 具有造血功能,能有效预防贫血。

可可杏仁牛奶
COCOA ALMOND MILK

路易波士杏仁牛奶
ROOIBOS AND ALMOND MILK

\ 甜点一样美味的杏仁牛奶 / COCOA ALMOND MILK

可可杏仁牛奶（图片左）

杏仁牛奶本身就具有良好的造血功能，
搭配铁元素丰富的食材，效果更佳。

饮用时间 制作后立刻饮用~2小时

材料（480mL 玻璃罐 1 个份）

纯可可粉……2 小勺
肉桂枝……1 根
（或肉桂粉……1/2 小勺）
枫糖浆……1 大勺
杏仁牛奶……400mL

做法

1. 将可可粉和枫糖浆与少量的杏仁牛奶（做法参照 P.74）混合，用小型打泡器充分搅拌（若使用肉桂粉，也在此时放入）。

2. 将剩余的杏仁牛奶和肉桂枝放入其中，用搅拌棒充分混合。

小贴士 预防贫血的秘密

可可
COCOA

用可可豆制作的可可粉含有丰富的铁元素，能有效改善贫血引起的身体倦怠和不适症状，还能扩张血管，缓解手脚冰冷。同时它具有舒缓心情的作用，睡前饮用能改善失眠。

\ 享受温和的美味 / ROOIBOS AND ALMOND MILK

路易波士杏仁牛奶（图片右）

杏仁清淡的风味非常适合路易波士茶。
这种高效的抗氧化食材搭配，能更有效地改善体质！

饮用时间 制作后放置 1 小时~1 晚

材料（480mL 玻璃罐 1 个份）

路易波士茶（茶包）……1 袋
蜂蜜……1 大勺
杏仁牛奶……400mL

做法

将所有的材料放入玻璃罐中盖上盖子，茶用杏仁牛奶（做法参照 P.74）浸泡，泡至喜欢的浓度后取出。

小贴士 预防贫血的秘密

路易波士茶
ROOIBOS TEA

路易波士茶中的各种矿物质成分都十分丰富，且含量均衡。在它的原产地南非，路易波士茶是被作为长寿茶来饮用的。由于它不含咖啡因，所以就算妊娠或哺乳期中的女性及孩子也能放心饮用。

Part 5 Jar Cocktail
玻璃杯鸡尾酒

"酒是百药之长",适量饮酒能刺激食欲、消除压力,还有助于缓解疲劳。周末,用水果和蔬菜酿一杯既排毒又治愈身心的玻璃杯鸡尾酒来喝吧!但不要饮用过度哦!

\ 带给你鸡尾酒的享受 / PEACH WINE WATER

桃子白葡萄酒

含有桃子清香的低度酒。

饮用时间　制作后立刻饮用~1晚

材料　（480mL 玻璃罐 1 个份）

白葡萄酒……2 大勺
桃子（切成块）……1/2 个份
蜂蜜……1 大勺
碳酸水（无糖）……300mL

做法

将所有的材料放入玻璃罐中，加碳酸水后用搅拌棒充分混合。

小贴士　缓解压力的秘密

白葡萄酒
WHITE WINE

含有能消除水肿的钾元素。其中丰富的柠檬酸等有机酸能调整肠道内细菌的平衡，从而改善便秘。需要注意的是，一旦白葡萄酒温度过低，就会有损它应有的口感。

桃子
PEACH

富含能缓解疲劳的苹果酸和柠檬酸是桃子的特点。除此之外，还含有丰富的维生素、钾、水溶性食物纤维等多种营养元素。而桃子的香味中含有的香豆素，则能帮助人体排出废旧物。

缓解疲劳

适度饮酒能促进血液循环，舒缓心情、消解压力。

\ 浸泡越久，颜色和香味越浓郁 / RED SPARKLING

红色气泡水

艳红华丽的玻璃杯鸡尾酒最适合用来招待客人。

饮用时间　制作后立刻饮用~1晚

材料（480mL 玻璃罐 1 个份）

覆盆子利口酒……2 小勺
蔓越莓……10 粒
葡萄（对半切）……10 粒
碳酸水（无糖）……350mL

做法

将所有的材料放入玻璃罐中，加碳酸水后用搅拌棒充分混合。

小贴士　缓解压力的秘密

覆盆子利口酒
RASPBERRY LIQUEUR

覆盆子的酸甜香味搭配美味的蒸馏酒制作而成的深红色美酒。

葡萄
GRAPE

葡萄中含有的能抗氧化的多酚——白藜芦，能提高人体免疫力，增强身体的抗压能力。无法一次吃完时，请把剩余的放入冰箱冷冻，才能保持其美味。

Part 5　玻璃杯鸡尾酒　缓解压力

缓解压力

\ 甘美的甜点式鸡尾酒 /
SWEET MIXED BERRY
混合甜莓水

结束一天的疲劳工作后，边听音乐边来上一杯，让你美美地睡一觉。

饮用时间 制作后立刻饮用~1晚

材料（480mL 玻璃罐 1 个份）

朗姆酒……2 小勺
冷冻混合莓……1/2 杯
薄荷……适量
蜂蜜……2 大勺
水……350mL

做法

将所有的材料放入玻璃罐中，加水后用搅拌棒充分混合。

小贴士

缓解压力的秘密

朗姆酒
RUM

以甘蔗为原料的朗姆酒，酿造方法不同，颜色也不同，有透明的也有深褐色的。而酒精度数越高，它独特的香味也越明显，无论是做鸡尾酒的底酒或为点心增香，都是不错的选择。

混合莓
MIXED BERRY

花青苷成分比蓝莓还多的黑莓，能美容、调整肠道、预防生活病、抗衰老。因其良好的抗虫性，所以近年来种植区域越来越广。

Part 5 玻璃杯鸡尾酒 缓解压力

缓解疲劳

适当的酒精能有效放松因紧张而僵硬的身心,来一杯玻璃罐鸡尾酒放松一下吧!

\ 橙子与草莓的协调 /

ORANGE AND BERRY JAR COCKTAIL

橙子浆果玻璃杯鸡尾酒

橙子利口酒的香味与极低的酒精含量为你驱走疲劳。

饮用时间　制作后立刻饮用~ **4** 小时

材料　（480mL 玻璃罐 1 个份）

君度橙酒（橙子利口酒）……2 小勺
草莓（切成 5mm 厚的片）……3 个份
橙子（去皮后切成 4mm 厚的片）
……4 片（小 1/2 个份）
碳酸水（无糖）……300mL

做法

将所有的材料放入玻璃罐中,加碳酸水后用搅拌棒充分混合。

小贴士　缓解压力的秘密

君度橙酒
（橙子利口酒）
COINTREAU

用橙子皮和叶子等制作的风味十足的法国白利口酒。清淡却凝练浓缩的橙子香味使其经常被用于鸡尾酒、餐后酒、点心等的制作中。与新鲜莓类和橙子搭配,味道都不错。

\ 奢华的香味治愈人心 /

PINEAPPLE COCKTAIL WATER

菠萝鸡尾酒水

含有荔枝与菠萝芬芳的鸡尾酒。
除了荔枝利口酒外,还能用朗姆酒来制作。

饮用时间　制作后立刻饮用~ 1 晚

材料　（480mL 玻璃罐 1 个份）

荔枝利口酒……2 小勺
菠萝（切成 2cm 见方的块）……1 杯（约 100g）
薄荷……1/2 杯
水……350mL

做法

将所有的材料放入玻璃罐中,加水后用搅拌棒充分混合。

小贴士　缓解压力的秘密

荔枝利口酒
LYCHEE LIQUEUR

以荔枝为原料制作的利口酒,不仅含有荔枝的芬芳,还略带酸味与甜味。与橙子等柑橘系果汁搭配,不仅更美味,还更易入口。

菠萝
PINEAPPLE

富含柠檬酸和苹果酸等有机酸,能有效分解导致人体疲劳的乳酸,同时促进消化酶和多种维生素的生成。由于菠萝中的消化酶能使肉质更柔软,所以常用来当做咕咾肉的配料。

Part 5　玻璃杯鸡尾酒　缓解疲劳

缓解疲劳

排毒水 Q&A

Q 水果和蔬菜的皮能用吗?

A 由于进口的橙子、酸橙等柑橘类水果的表皮会带有农药和防腐剂等有害物质,所以最好剥皮后使用。而国产的柑橘类水果使用海绵等清洁物品擦洗干净即可。蔬菜也要清洗干净。如果可以,请尽量选择有机蔬菜和水果。

Q 水果可以使用冷冻的吗?

A 当然可以使用冷冻的水果。用冷冻水果制作的排毒水,颜色与香味更容易渗出。购买当季的水果后立刻放入冰箱内冷冻,这样可以最大限度地保持水果中的营养元素。

Q 排毒水里喝剩的水果怎么办?

A 排毒水喝完后可以直接将里面的水果吃掉;还可以加入酸奶、蜂蜜等做成水果酸奶;也可以当做思慕雪的材料继续使用。橙子、柠檬等柑橘系水果和胡萝卜等适合放入肉类料理中当佐料。

Q 使用什么甜味料合适?

A 本书所使用的甜味料均为蜂蜜、枫糖浆等。这些甜味料虽然卡路里略高,但富含多种营养元素,所以从营养学的角度来说,我更推荐大家使用。本书菜谱中均添加了甜味料,制作时可以根据自己的喜好调整用量。当然,不加糖饮用也完全没有问题。

Q 做得美观可爱的诀窍是什么?

A 使用玻璃罐或玻璃长颈杯制作时,尽量从瓶子或杯子的侧面添加水果。这样外观上就能完美地呈现水果的切面,这份美丽最能治愈人心。

Q 喝排毒水不会冷吗?

A 觉得冷的人,可以提前30分钟将排毒水从冰箱内取出,恢复常温后再饮用。本书还介绍了一些不用冷藏的美味饮品,所以就算不喜欢冷饮的人,也可以尽情享用。

Q 用什么水才好?

A 使用自来水也可以,但感觉自来水有漂白粉味道时,可以使用软性矿泉水。使用硬水会让蔬菜、水果的味道和营养元素很难渗出。另外,本书中记载了一些使用营养价值高的椰汁和能改善便秘的碳酸水的菜谱,大家务必要尝试一下。

Q 一天喝多少合适?

A 喝 1.5~2L 最好。毕竟人体中约60%是由水构成的(人体的水分比例,孩子约为70%,成人为60%~65%,老人为50%~55%),不摄入足量的水,人体无法保证健康。身体有水肿的人,我推荐早晨至傍晚这段时间内喝水,而排毒水并不仅仅是水,里面溶有大量的水果与蔬菜的营养成分,排毒效果比普通的水更好。

根据烦恼挑选蔬菜和水果

下列表格记录了本书使用的蔬菜、水果分别能对应哪些身体不适和烦恼。
每一种食材都含有多样的营养元素。
参考下表，对照自身的烦恼来挑选相应的食材吧！

[烦恼] \ [食材]	杏仁	牛油果	绿紫苏	红彩椒	草莓	无花果	橙子	猕猴桃	黄瓜	蔓越莓	葡萄柚	生姜	西瓜
燃烧脂肪	●	●									●	●	
消除便秘	●			●	●	●	●	●	●				●
应对腹泻													
提高代谢	●		●		●						●		
应对肌肤粗糙	●	●		●	●	●	●	●	●	●	●	●	●
美白				●	●		●	●			●		
应对褐斑&肤色黯淡	●			●	●		●	●			●		
美发				●	●		●	●			●		●
消除水肿						●		●	●		●	●	●
降血压	●	●		●		●			●		●		
促进血液循环			●	●								●	
降低胆固醇值							●	●			●		
应对头痛			●									●	
消除宿醉			●				●	●			●		
缓解视疲劳			●						●	●			
提高免疫力			●	●				●			●	●	
缓解肠胃消化不良				●			●				●	●	
应对手脚冰冷												●	
提高工作效率	●												
预防贫血	●		●		●		●				●		
缓解压力			●										
放松身心			●			●							●
缓解疲劳				●	●		●	●			●	●	
应对苦夏			●			●		●	●		●	●	●

芹菜	萝卜	樱桃	番茄（小番茄）	胡萝卜	罗勒	菠萝	葡萄	蓝莓	加州梅	芒果	甜瓜	桃子	荔枝	酸橙	覆盆子	苹果	柠檬
											●				●	●	●
●		●	●			●			●	●						●	●
				●													
						●			●			●	●				
●	●	●	●	●				●		●				●	●	●	●
		●					●					●					●
		●										●					
			●							●							
●	●	●	●				●		●							●	●
●	●						●	●				●				●	●
								●									
																●	●
●				●													
●	●				●												
		●		●		●	●							●			
●	●		●	●			●			●		●			●	●	●
	●		●	●									●				●
						●		●		●							
						●											
									●		●		●				
																●	●
●	●			●						●	●	●		●	●	●	●
●	●	●	●							●		●					●
	●	●			●												●

INDEX 材料索引

[杏仁]
杏仁牛奶 74
浆果杏仁牛奶 76
杏仁奶茶 78
可可杏仁牛奶 80
路易波士杏仁牛奶 80

[绿紫苏]
生姜紫苏排毒茶 58
罗勒绿紫苏苏打 62

[红彩椒]
甜瓜红彩椒健康水 46

[牛油果]
牛油果胡萝卜水 23

[甜酒]
甜酒苹果肉桂水 25

[草莓]
草莓玫瑰果水 30
鲜莓美白苏打 43
草莓迷迭香气泡水 44
水果气泡水 70
浆果杏仁牛奶 76
橙子浆果玻璃杯鸡尾酒 88

[无花果]
无花果气泡水 26

[浓缩梅汁]
梅子加州梅椰汁 26
梅汁水果排毒水 66

[橙子]
橙子柠檬水 18
芒果橙子美容水 36
橙子酸橙椰汁 54
橙子肉桂水 64

水果气泡水 70
橙子浆果玻璃杯鸡尾酒 88

[洋甘菊]
洋甘菊薄荷气泡茶 59

[小豆蔻]
黄瓜小豆蔻水 50
杏仁奶茶 78

[猕猴桃]
猕猴桃柠檬维生素水 42
猕猴桃酸橙水 63

[黄瓜]
黄瓜小豆蔻水 50

[枸杞]
浆果杏仁牛奶 76

[蔓越莓]
红色气泡水 85

[葡萄柚]
葡萄柚生姜酒 20
葡萄柚路易波士茶 71

[黑胡椒]
芳香甜瓜水 22

[红茶]
生姜紫苏排毒茶 58
杏仁奶茶 78

[可可]
可可杏仁牛奶 80

[椰汁]
梅子加州梅椰汁 26
菠萝百里香椰汁 28
橙子酸橙椰汁 54

[君度橙酒]
橙子浆果玻璃杯鸡尾酒 88

[肉桂]
甜酒苹果肉桂水 25
橙子肉桂水 64
杏仁奶茶 78
可可杏仁牛奶 80

[生姜]
葡萄柚生姜酒 20
萝卜生姜水 56
生姜紫苏排毒茶 58
菠萝生姜水 68
杏仁奶茶 78

[白葡萄酒]
桃子白葡萄酒 84

[西瓜]
西瓜蓝莓水 52

[芹菜]
甜瓜芹菜水 55
芹菜香茅清爽水 58

[萝卜]
萝卜生姜水 56

[百里香]
菠萝百里香椰汁 28

[樱桃]
樱桃玫瑰果美容水 40

[中式茶]
荔枝茶 20

[番茄]
番茄罗勒气泡水 36

[胡萝卜]
牛油果胡萝卜水 23

[菠萝]
菠萝百里香椰汁 28
菠萝生姜水 68
菠萝鸡尾酒水 89

[罗勒]
番茄罗勒气泡水 36
罗勒绿紫苏苏打 62

[蜂蜜]
蜂蜜苹果苏打 24
樱桃玫瑰果美容水 40
萝卜生姜水 56
梅汁水果排毒水 66
水果气泡水 70
路易波士杏仁牛奶 80

[葡萄]
红色气泡水 85

[覆盆子利口酒]
红色气泡水 85

[蓝莓]
鲜莓美白苏打 43
薄荷小番茄蓝莓水 47
西瓜蓝莓水 52
梅汁水果排毒水 66
浆果杏仁牛奶 76

[加州梅]
梅子加州梅椰汁 26

[麦卢卡蜂蜜]
菠萝生姜水 68

[芒果]
芒果橙子美容水 36
芒果薄荷水 65

[混合莓]
混合甜莓水 86

[小番茄]
薄荷小番茄蓝莓水 47

[薄荷]
橙子柠檬水 18
荔枝茶 20
蜂蜜苹果苏打 24
绿色香草茶 32
鲜莓美白苏打 43
萝卜生姜水 56
洋甘菊薄荷气泡茶 59
芒果薄荷水 65
水果气泡水 70
混合甜莓水 86
菠萝鸡尾酒水 89

[枫糖浆]
葡萄柚生姜酒 20
牛油果胡萝卜水 23
猕猴桃柠檬维生素水 42
猕猴桃酸橙水 63

[甜瓜]
芳香甜瓜水 22
甜瓜红彩椒健康水 46
甜瓜芹菜水 55

[桃子]
桃子白葡萄酒 84

[荔枝]
荔枝茶 20

[荔枝利口酒]
菠萝鸡尾酒水 89

[酸橙]
橙子酸橙椰汁 54
猕猴桃酸橙水 63

[覆盆子]
鲜莓美白苏打 43

[朗姆酒]
混合甜莓水 86

[绿茶]
绿色香草茶 32

[苹果]
蜂蜜苹果苏打 24
甜酒苹果肉桂水 25
梅汁水果排毒水 66

[玫瑰茶]
玫瑰香茅美容水 38

[路易波士茶]
葡萄柚路易波士茶 71
路易波士杏仁牛奶 80

[柠檬]
橙子柠檬水 18
猕猴桃柠檬维生素水 42
黄瓜小豆蔻水 50

[香茅]
绿色香草茶 32
玫瑰香茅美容水 38
芹菜香茅清爽水 58

[玫瑰果茶]
草莓玫瑰果水 30
樱桃玫瑰果美容水 40

[迷迭香]
绿色香草茶 32
草莓迷迭香气泡水 44

图书在版编目（CIP）数据

别再只喝水！蔬果排毒水正流行/（日）田内章子著；谷雨译.--北京：光明日报出版社，2016.4

ISBN 978-7-5194-0121-4

Ⅰ.①别… Ⅱ.①田… ②谷… Ⅲ.①果汁饮料－制作②蔬菜－饮料－制作 Ⅳ.① TS275.5

中国版本图书馆 CIP 数据核字 (2016) 第 039877 号

著作权登记号：01-2016-1263

ジャーでかんたんキレイに！　デトックスウォーター
© Shoko Tauchi 2015
Originally published in Japan by Shufunotomo Infos Johosha Co.,Ltd.
Translation rights arranged with Shufunotomo Co., Ltd.
Through DAIKOUSHA INC.,Kawagoe

别再只喝水！蔬果排毒水正流行

著　者：（日）田内章子	译　者：谷　雨
责任编辑：李　娟	策　划：多采文化
责任校对：于晓艳	装帧设计：杨兴艳
责任印制：曹　净	

出版方：光明日报出版社
地　址：北京市东城区珠市口东大街5号，100062
电　话：010-67022197（咨询）　传　真：010-67078227，67078255
网　址：http://book.gmw.cn
E-mail：gmcbs@gmw.cn　lijuan@gmw.cn
法律顾问：北京德恒律师事务所龚柳方律师
发行方：新经典发行有限公司
电　话：010-62026811　　E-mail：duocaiwenhua2014@163.com
印　刷：北京艺堂印刷有限公司
本书如有破损、缺页、装订错误，请与本社联系调换

开　本：750×1080　1/16	
字　数：90千字	印　张：6
版　次：2016年4月第1版	印　次：2016年4月第1次印刷
书　号：ISBN 978-7-5112-0121-4	

定　价：39.80元

版权所有　翻印必究